Angelika Kipp

FALTEN & SCHNEIDEN

Mit Bandornamenten aus Tonpapier durchs Jahr

frechverlag

Von der beliebten Autorin Angelika Kipp sind im frechverlag zahlreiche andere Bücher mit kunterbunten Bastelideen erschienen:

TOPP 1812

TOPP 1809

TOPP 1759

TOPP 1762

TOPP 1832

TOPP 1683

Fotos: frechverlag GmbH + Co. Druck KG, 70499 Stuttgart; Fotostudio Ullrich & Co., Renningen
Zeichnungen: Berthold Kipp

Auflage: 5. | Letzte Zahlen
Jahr: 1998 97 96 95 | maßgebend

ISBN 3-7724-1829-5 · Best.-Nr. 1829
Druck: frechverlag GmbH + Co. Druck KG, 70499 Stuttgart

Einfach das Tonpapier falten, das Motiv übertragen und einmal ausschneiden – fertig sind farbenfrohe und dekorative Bandornamente, die der Wohnung hübsche Farbtupfer geben!

Sie finden in diesem Buch zahlreiche Anwendungsbeispiele für Ihre bunten „Ziehharmonika-Bänder“: Als Fensterbilder, am Schrank und an der Wand, im Küchenregal oder – etwas verkleinert – auch als Briefpapierschmuck!

Durchs ganze Jahr hindurch begleiten Sie die Bandornamente in Ihrer Wohnung, sie bringen Farbe ins Kinderzimmer, geben dem Küchenfenster ein buntes I-Tüpfelchen und verzaubern Ihr Wohnzimmer.

Oder Sie suchen ein hübsches Geschenk zur Taufe? Ein Mitbringsel für die nächste Einladung?

Wie gesagt: Einfach das Tonpapier falten, das Motiv übertragen und einmal ausschneiden...

Viel Spaß beim Basteln!

Angelika Kipp

Arbeitsmaterial

- Tonpapier
- Transparent- oder Butterbrotpapier
- Schere, evtl. Nagelschere
- Bastelmesser
- Schneideunterlage
- Weicher und harter Bleistift
- Radiergummi
- Schwarzer und roter Filzstift
- Lineal
- Klebeband
- Klebstoff
- Lochzange

Übrigens:
Die Motive dieses Buches sind auch für Moosgummi geeignet – natürlich nicht als Bandornamente, aber die Grundformen sind so einfach, daß Sie sie ganz problemlos aus Moosgummi herstellen und als Fensterbild oder als dekorative Verzierung nutzen können!

Tips und Tricks

Tonpapier

Verwenden Sie für die gezeigten Bandornamente unbedingt Tonpapier oder entsprechend dünnes Schreibpapier; es ist ein preiswertes Material, das in vielen Farben erhältlich ist.
Da Tonkarton sich durch größere Stabilität auszeichnet, ist er für diese Arbeiten weniger geeignet.

Das Ausschneiden

Je häufiger das Tonpapier gefaltet ist, um so schwieriger wird das exakte Ausschneiden des Motivs.
Wenn Sie mit kleineren Kindern basteln wollen, sollte das Papier höchstens dreimal gefaltet sein.
Die Kleinen verwenden zum Ausschneiden eine Kinderschere, Erwachsene arbeiten mit einer spitzen, scharfen Schere, einer Nagelschere oder einem Bastelmesser auf entsprechender Unterlage.

Zeichenerklärung

(siehe dazu Vorlagenbogen)

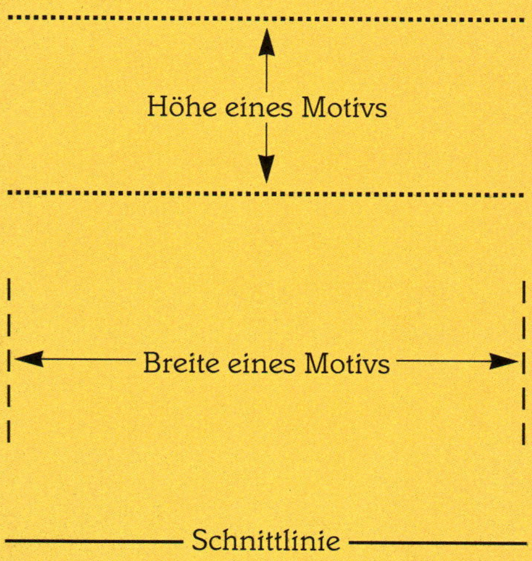

Das Aufkleben von Einzelteilen

Bei einigen Bandornamenten sind noch zusätzlich dekorative Teile (z.B. Kleidungsstücke) aufgeklebt. Verwenden Sie dafür nur wenig Klebstoff!

Deckungsgleiches Arbeiten

Wenn Sie Einzelteile auf Ihre kleinen Kunstwerke zeichnen (z.B. Gesichter), sollten Sie unbedingt darauf achten, daß Sie auf der Vorder- und Rückseite absolut deckungsgleich arbeiten – dünnes Papier scheint durch!
Zeichnen Sie zunächst die gewünschten Innenlinien auf die Vorderseite Ihres Bandornaments. Dann halten Sie die Bastelarbeit bei Tageslicht gegen eine Fensterscheibe. So ist das bereits Aufgezeichnete gut zu erkennen, und man kann es absolut deckungsgleich auf die Rückseite übertragen und evtl. Teile aufkleben.

Das Aufhängen

Befestigen Sie Ihre Bastelarbeit mit einigen Klebestreifen an der Fläche Ihrer Wahl!

Schritt für Schritt erklärt

1 Nehmen Sie das Motiv vom Vorlagenbogen mit Hilfe von Transparentpapier und mit einem weichen Bleistift ab.

2 Messen Sie die Höhe und die Breite des ausgewählten Motivs (siehe Vorlagenbogen), und tragen Sie sie so oft auf das Tonpapier ab, bis Sie die gewünschte Länge Ihres Bandornaments erhalten.

3 Unter leichtem Druck fahren Sie mit einer spitzen Schere über die späteren senkrechten Knickstellen – ein Lineal ist dabei der ideale Helfer! Ihr Tonpapier läßt sich so leichter und exakter falten.

4 Falten Sie das Papier zu einer „Ziehharmonika", wobei das Deckblatt von links zu öffnen sein muß.

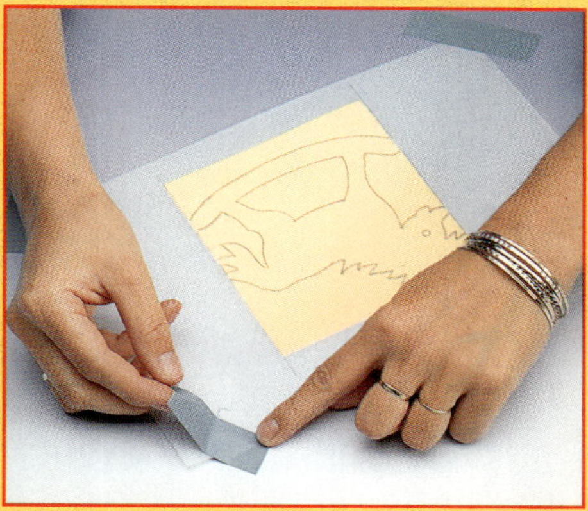

5 Legen Sie das Transparentpapier mit dem aufgemalten Motiv ganz exakt auf das passend gefaltete Tonpapier. Damit das Transparentpapier nicht verrutscht, heften Sie es mit einigen Klebestreifen auf Ihrer Arbeitsunterlage fest.

6 Die Konturen des Motivs werden mit einem spitzen, harten Bleistift nun nochmals umfahren – bei diesem Arbeitsgang werden die Formen im Tonpapier „eingedrückt“.

7 Schneiden Sie das Motiv mit einer spitzen Schere oder einem Bastelmesser aus; Kinder verwenden eine Kinderschere.
Die Augen werden jeweils aufgemalt oder einmal mit einer Lochzange ausgestanzt.

8 Die linken und rechten Enden des auseinandergefalteten Bandornaments arbeiten Sie noch etwas nach (eventuell Rundungen schneiden).
Halbe Motive, wie bei den Herzen von Seite 19, schneidet man anschließend sauber ab.

Winterzeit

Gute Freunde

Kunterbunte Clownerei

Märchen-stunde

Hasenschule

Ostern naht!

Frühlingsboten

Oster-sonntag

Enten-
nachwuchs

Tulpen-felder

Gaukler der Lüfte

Liebesgrüße

Zur Taufe

Von Herzen

Tierisch gut

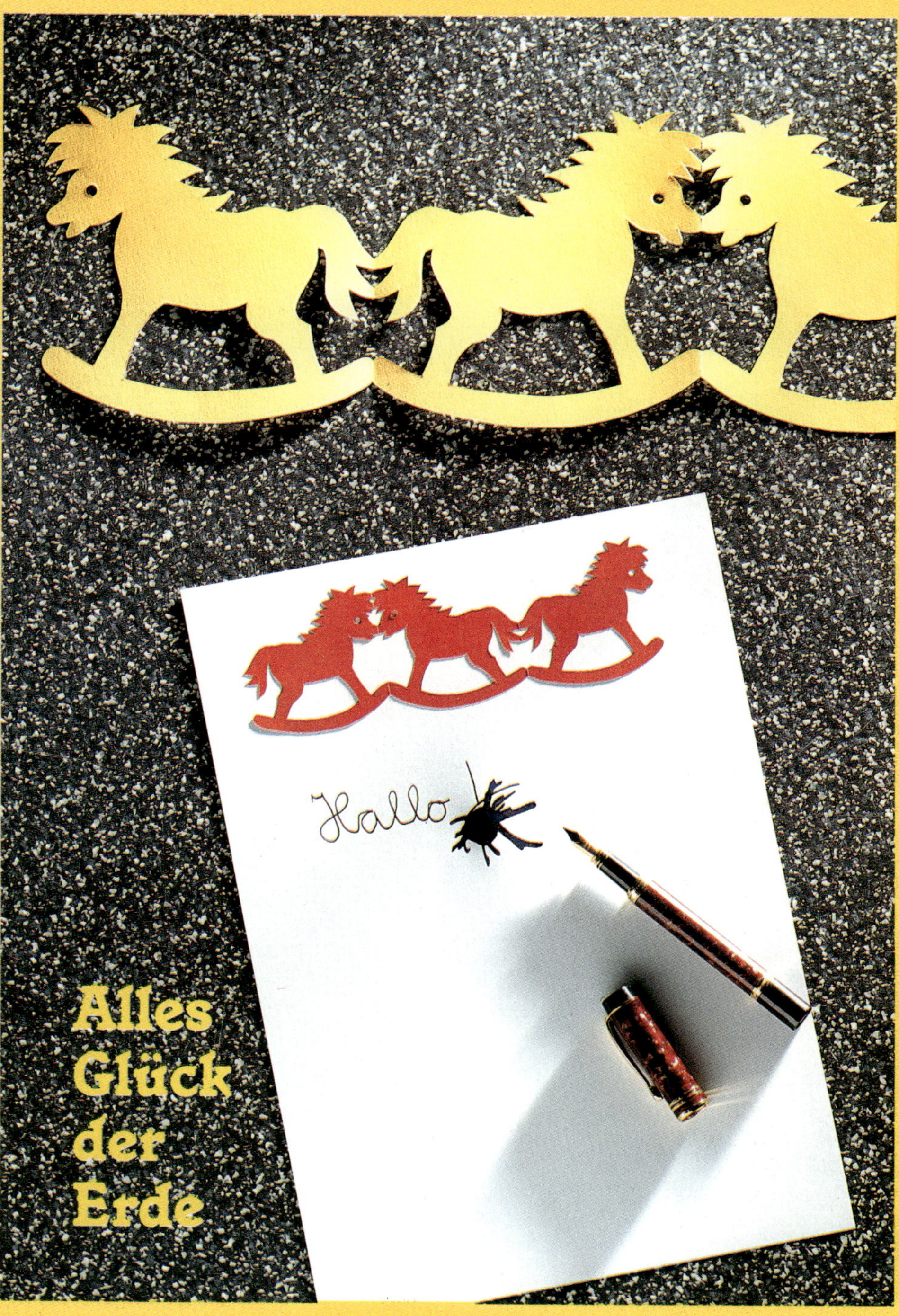

Alles Glück der Erde

Unser Dorf

Der Küchenchef

Tierparade

Hand in Hand

Stachel-grüße

Erntezeit

Advent

Es weihnachtet!

Laternenumzug